U0166294

上苍的恩赐

——徐素霞给小雨朴

挥笔在书桌前工作，突然听到你睡梦中的笑声，转头一看，你的嘴角还微微扬着，不知道是不是梦到了什么好玩的事情。想想你下午因为调皮被爸爸妈妈斥责，还哭得稀里哗啦，这件事好像没进到你的梦里，多纯真！

由于爱玩和好奇，你常常做出一些让爸爸妈妈不得不责罚你的事。但有时想想，除了这些，你真算是难得的好孩子——心地善良、憨厚，会照顾别人；甚至在你小时候，和奶奶外出，你都会注意地面的坑坑洼洼，提醒她小心。这种超乎年龄的懂事，委实让我感到欣慰。你出生时，爸爸妈妈为你取名字，选了一个"朴"字，就是希望你长大后会是个"朴实"的人，现在看起来，还真不负我们的期望。

好快，六年多就这么过去了，回想你小的时候，眼前浮现出很多趣事。你从小就精力充沛，一岁前从未一觉睡到天亮，也不曾好好地坐在我们的膝上超过两分钟，家里所有的东西都被你翻出来当玩具。还好，你认字认得早，

三四岁就开始看书，这才安静下来。但我们没料到你会一头栽进书中，简直到了废寝忘食的地步；甚至有时看书看得起劲，有尿意也憋着不去，等到实在憋不住，才飞速冲进厕所，却常常因为来不及而尿到裤子上，少不得惹来一阵呵责。

你偏爱自然科学类的书，从中学到不少常识。妈妈是学艺术的，我让你按自己的兴趣自然发展，从不勉强你画画。我只是经常表扬你画的画很有意思，然后根据你的说明，记下图画内容，并标上日期、画名，收藏起来。这几年，妈妈画了一些儿童读物的插画，你常跑过来问东问西，有时也兼做模特；加上平时我常带着你和妹妹去看展览，我想或多或少，你也受到了一些艺术熏陶。妈妈认为一个人会不会画画不重要，只要喜欢接触美，会欣赏美，就够了。

夜深了，看着你酣睡的模样，妈妈忍不住要再次感谢上苍赐给我可爱的孩子，我亲吻你，并祝你再做一个好梦。

（作者为美术教师、儿童读物插画工作者）

谁排第一

——谈序列概念及其在生活中的应用 文/许玲慧

什么是序列？简单来说，序列就是有顺序的排列。例如，把铅笔按长短排整齐，书本按大小排在书架上，鞋子按大小排，工具按长短或大小排，报纸按日期排；甚至买东西时，也必须按东西的必要性决定购买的先后次序；在有限的时间内，需完成好几件事，就要思考做事情的先后顺序；做家务的时候，要考虑是先收拾客厅，再收拾厨房、卧室，还是把同一性质的事情一块处理？

在生活中，如果一个人能把这样的事处理妥当，就表示这个人做事井井有条。上述例子表明，序列概念在生活中非常重要，所以，家长应从小就培养孩子的序列意识。

在游戏中建立序列概念

以游戏的形式反复练习，通常能取得不错的学习效果。下面介绍一些简单的游戏，供家长参考。

1. 从扑克牌中选取任意一种花色的"1~10"，让孩子排顺序。

2. 把排好"1~10"的扑克牌任意抽换位置，让孩子再依序排回正确的位置。根据孩子的熟练程度，可反复多次进行，也可以让孩子把排好的扑克牌抽换位置，由父母再次排序，以此来增加游戏的趣味性。

3. 把扑克牌中所有的"1~10"平分给所有的参与者，拿到"6"的人将扑克牌放在中间，所有人按照顺序出牌，以同花色能接成"1~10"为原则；如果没有牌可以出，就换下一位，看谁最先把手中的牌出完。

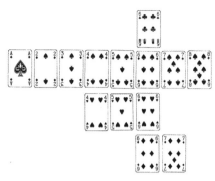

掌握学习的机会

在生活中，有很多机会可以帮助孩子学习序列的概念：

1. 让孩子整理自己的玩具柜、抽屉，父母可一同参与，引导孩子。如果孩子无法学会有序地整理玩具，可以在每一个柜子上标示出文字或图案，从小地方开始，慢慢地培养孩子的归纳、整理习惯。

2. 等公交车时，让孩子仔细观察乘客上下车的顺序。如果按排队顺序上下车，又快又安全；反之，不但不安全，还会耽误时间，让大家不舒服。

4. 准备几个大小一样的瓶子或杯子，在里面注入不一样多的水，让孩子根据水的多少排出顺序。

5. 第 4 点完成后，用筷子敲击杯子，听一听声音是否一样，再按高低音的顺序排序。

6. 准备一张白纸，画成 10×10 的方格纸，在格子下方写上数字 "1~10"（参考下图），让孩子根据数字涂满格子，如在数字 "1" 的上方涂满一个格子。

7. 选取孩子从出生到现在的生活照数张，让孩子按照自己的成长过程排序。

在《我们的地球家园》"谁排第一"中，故事讲的是孩子在幼儿园中常会碰到的事——人人都想排第一，可是每次玩游戏时只能有一个第一。通过这个故事，希望父母能让孩子了解：并不是只有自己排第一时游戏才好玩。此外，父母可以借助有趣的画面，如下图，引导孩子观察并思考，如新加入的蔬菜水果，一加入就排第一，这样是否公平。

球掉到水里了

对三到六岁的孩子来说，玩游戏时必须注意安全。如果孩子在玩球时，不小心把球掉到水里，该怎么办呢？针对这个问题，我们设计了一份调查问卷，并得到以下结果：

类别　　　选项 百分比	自己下去捡	找一根长棍子捞	请大人帮忙	其他	未作答
孩子的选择	1%	32%	48%	5%	14%
父母与孩子讨论后的结果	0	10%	43%	31%	16%

"请大人帮忙"显然是父母与孩子都认为较好的方法，有些家长还进一步提出"请认识的大人帮忙"。

根据统计，有5%的孩子选择了"其他"。例如，其中有两位小朋友表示他们要用网子捞。还有一位小朋友提出要换泳衣下去捡。看来这个小朋友很爱玩水，而且游泳技术也不错！还有一个小朋友提出要请青蛙拿上来。这会不会是他最近刚看了《青蛙王子》，或特别喜欢这个童话呢？

自己下去捡

找一根长棍子捞

请大人帮忙

在共同讨论后，很多父母选择"其他"。例如，有些家长认为最好不要在水边玩球。还有家长表示这时孩子可以把父母叫来或者套个游泳圈再去捡球。这说明有些家长希望孩子在注意安全的情况下可以自己解决问题。

谁最聪明 ——培养孩子分类的概念　　文／许玲慧

在图书馆中，找寻一本书的方式有很多，可以按作者搜索，也可以按书名搜索，还可以按书的类别搜索。图书馆用各种方式对书进行分类，是为了方便读者查询。要使用图书馆的资料，就必须具备分类概念，否则就像海底捞针，毫无头绪。

日常生活中，有很多事物都和分类有关，如商场中物品的陈列、冰箱中食物的摆放、书架上书的摆放、抽屉里东西的摆放等。如果不懂得分类、整理，东西就可能一团糟。

分类的概念是逻辑思考的基础。具备分类概念，做事能更有条理。所以，家长平时要注意培养孩子分类的能力。

要具备分类的概念，孩子必须先能找出事物间的共同点，如颜色、形状、大小、功能等；接下来是能分辨不同之处。有了分辨异同的能力后，要学会同时考虑事物两种以上的属性，如○○●▲▲▲▲▲，是黑色的多，还是三角形的多？这是分类的基础。

提升孩子的分类能力

1. 利用玩具玩分类游戏

父母可以让孩子根据玩具的样子，如颜色、形状、大小分类。对于较小的孩子，父母可以先选出一样东西，然后让孩子把相同颜色的东西放在一起。对于较大的孩子，则可以直接让他们按照颜色分类。

2. 利用日常生活用品分辨异同

引导孩子观察日常生活用品，并进行思考。如玻璃杯和咖啡杯的相同点在于二者都是杯子、杯口都是圆形的、都会破掉、都可以用来泡牛奶等。而不同在于二者大小不同、材质不同等。

3. 整理自己的房间（书架、玩具柜、抽屉等）

散乱成一堆的东西，孩子往往无法整理。这通常有两个原因：一个原因是东西真的太多，无从整理；另一个原因是孩子没有分类的概念，不知道如何将东西分门别类。这时候，需要父母的耐心指导。

分类的标准很多，观察、思考的角度不同，分出来的类别就不一样。一般来说，孩子容易区分颜色和形状，因为颜色和形状是可以看出来的，而且是孩子很早就接触过的基本概念。至于区分、辨别东西的用途，则必须对东西的用途有所了解，而且能做较抽象的思考。父母可利用身边的东西和孩子玩分类游戏。无论孩子怎么分，都听听他的理由，说不定很有创意呢！

弄坏别人的玩具

在孩子交友的过程中，难免要和朋友分享玩具。而在玩别人玩具的时候，有时会出现弄坏玩具的情况。这时该如何处理呢？从读者的反馈中，我们得到下列结果：

请父母帮忙赔一个新的玩具

赶快想办法把玩具修好

拿自己心爱的玩具作为赔偿

百分比　　　选项　　　　　类别	请父母帮忙赔一个新的玩具	拿自己心爱的玩具作为赔偿	赶快想办法把玩具修好	其他	未作答
孩子的选择	17%	27%	49%	2%	5%
父母与孩子讨论后的结果	13%	28%	45%	9%	5%

从以上结果可看出，父母与孩子讨论后的结果大多是"赶快想办法把玩具修好"，其次是"拿自己心爱的玩具作为赔偿"，再次是"请父母帮忙赔一个新的玩具"。这样的排序反映出家长希望培养孩子负责任的态度，让孩子先尝试自己解决问题，行不通再向父母求助，这在选项"其他"中也有体现。例如，有一位家长说："拿零用钱买新的赔他。把弄坏的玩具修一修，自己留下来，当个教训。"还有家长说："是自己有的玩具，就拿出来赔；没有的，就和对方商量，看看怎么办。"

另外，值得一提的是，小朋友有一些非常诚实的答案，如用一个不喜欢的玩具赔他或收拾好，假装没弄坏。甚至还有小朋友提出把坏了的玩具丢进垃圾桶。这些方式虽不正确，但是我们认为，幼儿正处于自我中心的阶段，道德发展也未成熟，这样的反应其实很正常。如果孩子采取这种方式，请不要责怪他，不妨告诉他："如果是你的玩具被弄坏了，你一定会很难过吧！"让他了解别人的心情，向别人道歉，然后共同讨论如何解决问题。

睡前故事

文 / 林文华

结束了一天的辛勤工作后，讲故事成了我甜蜜的"负担"——说"负担"是因为孩子的精力充沛，让我不知如何在说故事之余，快速合上他们的小嘴巴，好让我在精疲力竭之前，快快将他们送入梦乡，留一点时间给自己！

睡前故事要新奇、好听，我挖空心思，将脑海深处尘封已久的断编残简，理出来满足孩子饥渴的耳朵。话说"铁杵磨成针"，一个不可思议的老太婆对付一根粗铁棒，实在伟大，讲这个故事，可以让孩子知道什么叫"恒心""毅力"。女儿茵茵听罢悄然无声，我以为她睡着了，她却突然冒出一句："妈妈，这么粗的大铁棍子，只磨成一根绣花针吗？好浪费！它应该可以做很多很多根绣花针的！"言之有理，我正在思考如何回答这个问题，她又问："妈妈，磨成绣花针以后，还没有洞啊（她指的是针眼），要用什么东西钻洞呢？"这个问题更难回答，我总不能说拿去工厂让机器钻孔吧？

我非"万事通"妈妈，面对孩子的古灵精怪时，常显得捉襟见肘，如何适情、适性，分寸之间颇难把握！但我仍执着于宁可"做了悔"，之后再图改进；也不愿"悔不做"，让原本的"可能"均在"不可能"的假设中瓦解。

"好奇"与"探索"本是开发想象力的原动力，而智慧是我与孩子共同的企求。

（作者为"小小牛顿"读者）

酢浆草

文 / 卢淑贞

酢浆草生长于春夏之际、极为常见，有三瓣类似心形的叶子。常见的酢浆草有黄花酢浆草、紫叶酢浆草等。

由于酢浆草很容易在路边看到，家长可以多带孩子观察它的生长情况。在黄昏的时候，酢浆草的三片小叶会慢慢地往下垂，叶子与叶子之间相互贴在一起。这种变化主要是因为酢浆草叶柄上有叶枕的构造，而亮度会影响枕内的含水量。白天光线足，水分多，小叶片就自然展开；晚间水分少，小叶片就往下垂。

黄花酢浆草的果皮具有弹力，可以试着把它的果皮握在手心里，感受它"爆破"的效果。值得一提的是，紫叶酢浆草会开花却不结果，

它的繁殖靠一个细小如芝麻的鳞茎，鳞茎能随风散布，混入土壤中生长，繁殖力惊人。

切西瓜

——谈分数概念

文 / 许玲慧

孩子从小就可以从分东西等活动中，学习基本的除法概念。饼干、巧克力、糖果等都便于孩子上手操作，分起来较为简单。

在《地震来了》中的"切西瓜"中，要分配的西瓜没有办法一个一个直接分，需经过切割，因此需要用到分数概念，即分割后的量是原来的几分之一：如果平分为 2 块，每一块就是原来的 1/2；如果分成 8 块，就是 1/8。但是，孩子如果没有经过实际操作，就不太容易理解这个概念。所以，家长可以准备一些类似切西瓜的游戏，这将有助于孩子理解分数这个概念。当然，目前还不需要让孩子能说出 1/2 大还是 1/8 大，只要常常玩，他自然会知道 1/2 比 1/8 大。下面提供几个小游戏，供家长参考：

● 切黏土

1. 把黏土揉成球状，切一刀变成 2 块，再切一刀变成 4 块，就好像切西瓜那样。

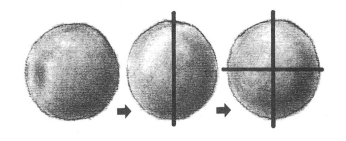

2. 把黏土搓成长条状，从中间切开，再切一刀变成 4 段。

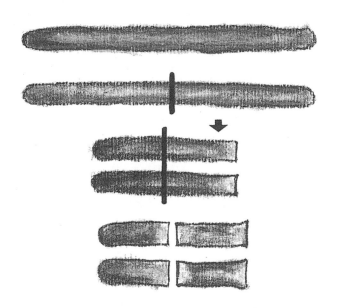

●切积木

找 8 个同样大小的立方体积木，将之组成一个大立方体，再把它切开。

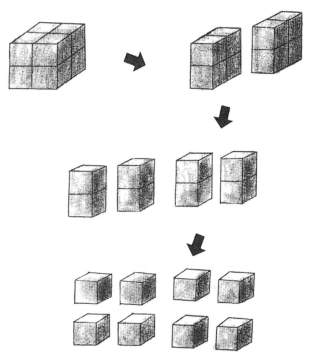

无论怎么切，最后把它们组合起来，还是原来的那一块（即 $1=\frac{1}{8}+\frac{1}{8}+\frac{1}{8}+\frac{1}{8}+\frac{1}{8}+\frac{1}{8}+\frac{1}{8}+\frac{1}{8}$，$\frac{1}{8}+\frac{1}{8}+\frac{1}{8}+\frac{1}{8}+\frac{1}{8}+\frac{1}{8}+\frac{1}{8}+\frac{1}{8}=1$）。这是一种量的保留概念，虽然外在形式不同，但量是不变的。

●圆的造型

将圆剪成 1/2、1/4、1/6、1/8，也就是 ○⊖⊕⊗⊛，刚开始只给孩子 ○⊖ 和 ⊕，等孩子看过后，把各纸片打散，再让孩子把它们拼成圆形，熟悉后，再加入 ⊗ 和 ⊛。在拼圆的过程中，孩子会发现◗和◖一样大，◡◡和◡也一样大。能拼出完整的圆后，家长可鼓励孩子将剪后的圆形纸片拼成图画，这样可以加深孩子对圆这个概念的理解，进一步了解圆的整体和部分的关系。

防震常识

文 / 辛在勤

中国位于环太平洋地震带与欧亚地震带之间，是地震灾害较为严重的国家。

现今地震预测技术尚未成熟，虽然从一些迹象可预测地震的发生，但发生的时间及地点却无法准确预测。在无法准确预测地震的情况下，应该及时加强有关地震及地震防护的宣传，使得地震发生时，大家能保持镇静，保护自己，帮助别人，共同将地震造成的伤亡及损失减至最少。

以下是一些防震常识：

一、平时的准备

1. 家长可利用书中的内容给孩子讲解防震知识，加强孩子的防震意识，并实地演练。
2. 备妥手电筒、急救箱和灭火器等，并让家里的每个成员都知道存放的地方及使用的方法。
3. 知道电源及煤气总开关的位置，并使其易于开启或关闭。
4. 预先选好安全地点，以便躲藏，如室内的三角区域。
5. 避免将重物置于高架上，放在阳台上的盆景最好固定住，以免掉落楼下伤人。

二、地震时

地震发生时，最大震动时间多在数秒至数十秒之间，切记不可乱跑，或一窝蜂挤向出口，更不可使用电梯。以下是几种常见情况。

1. 在家：
（1）尽可能立即关闭电源及煤气。
（2）躲藏于预选的安全地点，如卫生间。
（3）如果身处高楼中，勿在窗边停留。
（4）不要慌忙跑出门外，除非确认屋外有足够的空地。

2. 在室外：
（1）留在室外，勿往室内跑。
（2）远离高楼建筑，以免被掉落下来的花盆、招牌等东西砸伤。
3. 在学校、办公室或其他公共场所：
（1）在教室内，老师需保持冷静，组织学生先躲到课桌下，切记不可慌张往外跑。

（2）在教室外，尽量待在操场或空旷地区。

（3）在办公室里或室内公共场合，请躲在坚固的桌椅下，或靠建筑物中央的墙站立，又或停留于走道上，并留意头上是否有东西掉落。

（4）火车、公交车上的乘客应抓紧横杆、座椅把手，或趴在座椅上，并用手护住头部。

（5）司机应将车辆缓慢驶向路旁停车。

三、地震后

1. 打开门窗，检查所有电源及煤气开关，确定安全后方可使用。

2. 对周遭受伤人员施救，或通知救护单位。

3. 检查建筑物，若建筑物毁损，甚至有倒塌危险，请尽快离开，不可逗留。

4. 检查下水道及排水系统。

5. 避免开车上路，保持道路畅通，方便救灾车辆出入。

6. 听从指挥人员的指示。

7. 住在海边或山区的朋友，注意可能发生的海啸及山体滑坡。

8. 无紧急事故请勿使用电话，以免线路拥挤，影响救灾指挥通讯。

9. 请穿着胶鞋或皮鞋，以免被震碎的物品割伤。

10. 特别注意余震的发生。

综上所述，防震最重要的在于保持冷静，并加强震前的防震常识宣传，做好心理建设，避免地震来袭时慌张，徒增伤亡。

扑克小兵排队形

——谈培养孩子的思考、归纳能力

文／许玲慧

《探访火星》中的"扑克小兵排队形"除了要传达序列的概念外，最重要的是引导孩子思考，让他们思考事物的不同属性，并加以分类、归纳。

如果一开始就要孩子做"12、123、1234、12345"与"54321、4321、321、21"的分类归纳，他们可能会毫无头绪。但是，根据孩子的认知程度一步步地引导，就能培养其思考的能力。花色是最容易分辨的，只要通过观察，就能做基本的分类。所以，可以一开始让孩子根据花色把扑克牌进行分类，再从同一花色的牌中，根据"1、2、3、4、5"的顺序排列，再引导孩子去观察士兵们如何排列成"12、123、1234、12345"与"54321、4321、321、21"。

许多事物都有两种、甚至多种属性，然而，学前儿童可能很难同时都想到，此时，需要父母、老师不断地刺激引导，当孩子逐渐习惯做多层面的思考时，思维模式就变得更灵活多变。

生活中，帮助孩子训练思维能力的机会很多，如收拾积木时，可以先让孩子"把形状一样的放在一起，再按照块数的多少排列整齐"。平常，让孩子收拾积木时，如果只告诉孩子赶快收好，却没有教孩子怎么收，孩子就可能全部收成"一堆"，或是全部丢到箱子里，那么，就失去了培养孩子思考及收拾整理习惯的机会。

利用不同形状、颜色的几何图形，也可培养孩子多重分类的思考能力。例如，准备○□△的图片，分别有红、黄、蓝三种颜色，让孩子从图片中区分出颜色，即有红色的○□△、黄色的○□△及蓝色的○□△；再把一样颜色的图片放在一起，就会是○○○□□□△△△的结果。

对较大的孩子，可以尝试让孩子运用表格（如右图）进行分类。

比较两个相似的东西，也可训练孩子观察、思考的能力。如一块长方体积木和一块正方体积木，它们之间相同的地方包括都是木头做的，都有十二个边、八个角、六个面，等等。不同的地方包括边不一样长、面不一样大……在比较的过程中，孩子必须进行多层面的思考。

同样，两件衣服、两支笔、两双鞋、两个玩偶等，都可以拿来比较，比较相同点后，再比较不同之处。熟悉了两两比较后，再观察多样东西，比较之后，可再进行分类能力的训练，就如"扑克小兵排队形"中先按照花色分类、排数序后，再根据数目多少排一长列。"12、

123、1234、12345" 及 "54321、4321、321、21" 是较高层次的归纳方法，但是通过实物来排，孩子也可慢慢领会。

孩子熟悉扑克牌的花色和数序后，也可练习其他排列方式，训练孩子归纳的能力。如：从下图拿掉其中两张，让孩子找找看应该把这

♥ ♦ ♥ ♦ ♥ ♦ ♥ ♦ ♥ ♦

两张牌放到哪个位置上去；如果孩子能顺利找到，表示已有归纳的能力。扑克牌的排列有很

多种方式，只要根据孩子的认知程度玩相应难度的游戏，扑克牌就可以成为培养孩子思考、归纳能力的现成教具。

宝宝哭的时候

孩子是有同情心的，可以对别人表示同情、安慰，哪怕孩子正处于"自我中心阶段"。根据统计，我们就"宝宝哭的时候应该怎么做"得到以下的结果：

拍拍宝宝的背，告诉宝宝不要哭

选项 百分比 类别	拍拍宝宝的背，告诉宝宝不要哭	捂住耳朵，不管宝宝	告诉爸爸妈妈	其他	未作答
孩子的选择	60%	3%	32%	4%	1%
父母与孩子讨论后的结果	29%	0	13%	36%	22%

捂住耳朵，不管宝宝

从孩子的选择来看，60%的孩子表现出了高度的同情心，会去安慰宝宝。32%的孩子选择"告诉爸爸妈妈"，只有3%的孩子会"捂住耳朵，不管宝宝"。另有4%的孩子选择"其他"。

告诉爸爸妈妈

从亲子讨论后的结果来看，不少家长鼓励孩子安慰宝宝，但基于更多考虑，更多家长采取"先由孩子安抚，再告诉爸妈"的方式。例如，有一位家长说："先安抚宝宝，叫宝宝不要哭；如果无效，再告诉爸妈。"另一位家长也说："如果哭得很厉害，就要请父母来。"还有家长建议："告诉宝宝不要哭，然后说些宝宝喜欢听的事。"有些家长教孩子利用奶嘴，如拍拍宝宝的背，并将奶嘴塞于口中；或是先给玩具或奶嘴，再决定要不要告诉爸妈。另外，有些家长主张视情况而定，若宝宝年纪太小，告诉爸妈比较好；若宝宝已经懂事一点，就拍拍宝宝的背，告诉宝宝不要哭。如果不是因为受伤或病痛而哭，可以由孩子来处理；若是，就最好告诉父母。

悄悄话

文／魏琳瑾

每当我回想起孩子的种种，总会情不自禁地微笑。记得有一天，孩子躺在我怀里，偷偷小声和我说："妈妈，你不要再生小妹妹或小弟弟了，好吗？"我十分惊讶，问他为什么，他带着可爱的表情回答我："因为如果再生一个小弟弟或小妹妹的话，你就不会再爱我了。"小脸蛋上一副楚楚可怜的模样。过了一会儿，他又说："可是，如果妈妈还是跟现在一样爱我，那妈妈可以生小妹妹或小弟弟。"隔了几天，他又跑来依偎在我身边，跟我说："妈妈，你生小狗或者孔雀吧，好吗？"我回答他："妈妈没有办法生出小狗或孔雀啊！妈妈只能生小弟弟或小妹妹。"可是他仍不厌其烦地说："不对，妈妈一定可以，而且我已经告诉幼儿园的小朋友，我妈妈可以从肚子里生出一只小狗跟我玩！"

对一个五岁的孩子而言，这是一件重大的事情，因此我也大费周章地向他详细说明了一番，他似乎可以接受。

我常常自问：孩子的脑袋里面到底在想些什么？嘴里喃喃自语些什么？我看在眼里，感到无限温馨，却又不便去打扰他的思绪，也许这也是孩子成长的过程吧！

（作者为"小小牛顿"读者）

小雷游车河

　　幼儿期的孩子对任何会动的东西都非常感兴趣，想要一探究竟，对于汽车也不例外。当他们年龄更大时，对于各种不同的车辆，如消防车、警车、垃圾车等，都会非常注意，也想了解它们到底是什么车、是做什么用的。等到再大一些，他们就开始想研究汽车里面到底有什么东西、为什么它会动、驾驶座前的一大堆机关是做什么用的等。

　　对于孩子来说，汽车可以带一家人到郊外玩，可以让家人一起度过一个快乐的周末。家长除了用图片解说，也可以带孩子实际观察，让孩子更了解汽车。

　　汽车的内部构造复杂，对大人来说，理解起来都有难度，何况是幼儿园的孩子。如果家中有汽车，不妨把发动机舱的盖子打开来让孩子看一看、摸一摸，并且告诉他们各种机械都是为了让汽车能跑，能更安全。而被汽车钢板挡住，没办法看到的部分，建议可以用比喻的方式说明，如油箱，就可以告诉孩子，它就像是汽车的肚子一样，必须吃进东西，也就是汽油，吃饱了才有力气动。这样比喻，更能让孩子心领神会。

　　虽然汽车的传动方式复杂，但是在为孩子解释时，只要举出他们见过或经历过的事情来加以说明，事情就会变得比较简单，他们自然能够理解。如父母可以在开车时，引导孩子多注意其他汽车要转弯或停车时，车头、车尾灯的变化，告诉他们这些灯的重要性。如果转弯前没有开转向灯显示汽车将要转的方向，后面的汽车不知道，就很容易发生危险。告诉孩子这些常识，能够让他们在过马路时，注意到汽车的行进方向。

孩子对于汽车的内部构造、传动或转弯原理，并没有大人了解得多，但是对于其他细小的部分，有时观察入微。例如，他们会想爬到驾驶座按喇叭，或模仿父母转动方向盘，或从后视镜看后座及汽车后方的情形，这些对孩子来说，都非常有趣。父母也可以引导孩子去观察一些细节，如轮胎表面的花纹。

汽车内部还有其他很多可以让孩子研究的东西，如车门锁、车窗、扶手边的小洞洞、置杯架等。家长一定要格外注意车门锁和车窗，可以允许较大的孩子在家长的视线范围内练习操作，并告诉孩子，在汽车行进当中，车门锁绝不可随意触动。

有一些东西，坐在车上不容易观察得到，走在路上却是较容易观察的。如站在马路上时，父母可以告诉孩子：汽车在转弯的时候，都会开转向灯，所以过马路的时候，除了要注意是不是有汽车，还要注意它要往哪边转。而车子的大灯也很重要，如果没有它，夜晚就无法看清楚路上的行人，很容易发生车祸。

要提醒父母的是，在静止或暂停的车中观察汽车时，一定要注意安全，提醒孩子不要把头或手伸出窗外。在马路上时，千万要注意汽车的行进方向，不要因为太过专注于观察而发生危险。另外，为幼儿购置汽车安全座椅，或加装安全锁，可保障孩子的乘车安全。

父母可以在生活中注意引导孩子观察、了解汽车，丰富孩子的常识。

动动脑 约会

学习的最终目的是在生活中应用。学习语言是为了和人沟通；而学习数学，除了要学会基本的运算，最重要的是要能懂得思考；认识自然，是要让孩子能感受大自然的奥妙，进而亲近自然、爱护自然。如果学习的最终目的只是让孩子懂得如何应付考试，那么其过程必是艰苦、无趣的，教育的目标也令人质疑。

"约会"是生活中屡见不鲜的事件，由于考虑不周，孩子往往只想到要出去玩，而忽略了告知时间、地点的重要性，以致说了时间，忽略了地点，或是约好了地点，但是对地点没有达成共识。除了通过这个故事，让孩子思考，了解兔子、松鼠为什么没有顺利碰面之外，生活中也可以利用机会，培养孩子明确思考与表达的能力。以下提供一些事例供参考。

1. 接听电话：接电话时，学会分辨是什么人打来的，并且礼貌地问答。如果是陌生人，就不要轻易告诉对方自己是谁。最重要的是，要把接听到的电话转给当事人，若是留言，记得转告当事人。打电话时，要说出自己的名字，想要找谁，并且能正确地使用"请、谢谢、对不起、再见"等礼貌用语。

2. 买东西：刚开始只传达单纯的信息给孩子，如买一包盐或一瓶酱油，甚至所需的钱都是刚好的。等孩子熟悉买东西这件事后，再给予较复杂的指令，如一次购买三样东西。

3. 传话：找机会让孩子传话，如让孩子打电话给爸爸，请爸爸下班后先去书店买文具，再做什么事等。

生活中，多让孩子去说、去思考，他自然能考虑得越来越周到。

慢吞吞

图 / 张友诚
文 / 陈仕哲

　　有些孩子不论做事、走路、吃饭都很慢，常需父母不断催促。由于幼儿做精细动作的能力尚未发育完全，而且容易分心，时间观念也较差，所以以大人的标准要求孩子，其实并不公平。父母最好不要以责备的方式催促孩子，也不要拿孩子和别人比较，这样会让孩子感到压力，情况只会更糟。孩子动作较慢，有的是因为缺乏信心，有的是因为被过分保护而缺乏生活经验，父母可以试着以鼓励的方式，让孩子建立信心，并多给孩子一点时间提早准备，让孩子从尝试中学到更有效率的做事方式。此外，若能排除让孩子分心的诱因，也能让孩子的步调再快些！

主题故事 地球清洁队

以前人们去买菜，经常提个大菜篮，把买来的青菜、萝卜等各色蔬菜都往菜篮里放，鱼用稻草穿过鱼鳃提着，用自己带的罐子打一壶炒菜用的油，用自己带的碗打一碗酱。回到家挑挑拣拣后，要丢弃的垃圾并不多。现在就不同了，空手上菜市场的人很多，买萝卜用一个塑料袋装起来，买青菜又用一个塑料袋，买鱼、买肉又买蛋，算一算最少又用了三个塑料袋，再买食用油、酱油，则又多了几个塑料袋。林林总总买回家，收拾整理之后，垃圾比可以吃的东西还多。正因为这样，现在垃圾也变多了。

环境污染、垃圾问题似乎是最近几年才兴起的热门话题，难道几千年来都没有什么垃圾和污染吗？当然有，只是大部分垃圾都能被分解，而且数量较少罢了。因为地球是一个自给自足的星球，绿色植物（生产者）吸收太阳光产生能量制造养分，食草动物（消费者）则以植物为食，而食肉动物又吃食草动物。通过食物链的关系，让能量在地球上传递，最后动植物的尸体和排泄物再由分解者（如细菌、真菌等）分解后，将剩余能量给植物利用。所以这些分解者就像地球上的清洁队一样，可以把任何自然产生的废物分解后再送归自然，使整个地球维持干净。假如你随手丢一个苹果核在地上，没有人去扫它，过一阵子它也会消失。如果你有兴趣观察，就会发现刚开始有苍蝇、果蝇飞来吸食，接下来是蚂蚁来搬食物，最后吃剩的再由细菌和霉菌彻底分解，所剩的有机质回归土壤。植物也是清洁队的一员，因为它负责大气的清洁，吸入二氧化碳放出氧气，不但把动物排出的主要废气吸走，而且产生动物需要的氧气。

可是，人类因为追求看似更舒适的生活，不断发展新科技，生产了很多人造替代品。塑料袋、塑料瓶、泡沫塑料在生活中被大量使用，汽车、工厂等不断增加，不可分解的垃圾越堆越多，空气污染越来越严重。这些人为的垃圾和污染，"地球清洁队"不仅无力分解处理，而且常常被它们毒害。所以，希望每个人都能注意爱护环境，使地球更干净。

环保工作说难不难，说简单也不简单。为了地球，也为了使未来子孙有一块净土，希望大家一起身体力行地践行环保工作，当环保观念成为一种习惯，地球自然就会越来越干净。

（2）特殊场合，如上台表演、毕业典礼，则应该稍加打扮，以增加舞台效果。

建议家长不要将孩子打扮得很正式去上幼儿园，那可能会让孩子在幼儿园不太自在。

生活小故事 漂亮的衣服

这篇故事的主旨在于传递这样一个理念：到学校上课时，穿普通、易于活动的衣服，孩子能更安心地玩游戏；至于漂亮的新衣服，则较适合在正式、特殊的场合穿着。

此外，家长可以趁此机会和孩子讨论穿衣服时应该注意哪些事，例如：

1. 身上的衣服要经常换洗，让衣服保持清洁。
2. 考虑场合：
（1）玩游戏要跑跑跳跳，以耐脏、耐洗、适合运动的裤装为宜。

动动手 熟蛋与生蛋

转动鸡蛋以及将蛋泡在茶水中，可以区分出生蛋和熟蛋。鸡蛋加热后，内部的蛋白质和蛋黄会凝固，转动时就会和蛋壳一起转动，因此比较容易转，也转得比较稳。而生蛋内部的蛋白和蛋黄仍是液体，不容易转动，一下子就停了。

生蛋的蛋壳比熟蛋的蛋壳更具有能让物质进出的性质。因此将蛋放入茶水中，生蛋壳由于吸收茶水的颜色，颜色会更深。

试着将鸡蛋分别放在清水和盐水中，可以发现鸡蛋在清水中会沉下去，在盐水中会浮起来。这是因为加入盐后，液体的密度增加。当液体的密度大到一定程度时，鸡蛋就会浮起来。

自然博物馆 菱角

菱角是一种水生植物，它和睡莲一样，属于叶面平贴水面的"浮水植物"；至于叶片挺出水面的荷，则属于"挺水植物"；而水族箱里的金鱼藻，整个植物体沉在水中，则属于"沉水植物"。

菱角喜欢生长在潮湿温热的地方，划着小船在水面采菱的景致，也只有在这些地方才可看到。菱角在 6 至 9 月开花、结果，秋冬之时才可采收。菱角可爱的模样和香甜的味道很引人喜爱，不过，吃菱角是一件费功夫的事情，因为它硬硬的外壳很难剥开，建议可以用剥壳工具剥开，或是用菜刀、剪刀弄开。

为什么 为什么感冒会流鼻涕

有些感冒由病毒引起，当病毒侵入人体的上呼吸道，即鼻腔到咽喉的部位，常会使得该部位的细胞因感染而发炎，同时失去原有的功能。例如，平时我们鼻子里的鼻腔黏膜会分泌一些黏液，用来粘住空气中的灰尘，并湿润吸入的空气，而这些黏液都会被鼻腔纤毛往内扫去，所以不会流出来。但是当我们感冒时，鼻纤毛摆动频率降低。鼻子为了扫除病毒和细菌，会分泌大量黏液，所以鼻涕就会不停地流出来。虽然并无任何感冒特效药可杀死病毒，但只要多休息，养好身体，待体内抵抗力增强，自然可杀死病毒，感冒也就能痊愈了。